AF264184

RÉFLEXIONS CRITIQUES

SUR LES

EXPÉRIENCES CONCERNANT LA CHALEUR HUMAINE,

Par G.-A. HIRN.

PARIS,

GAUTHIER-VILLARS,

IMPRIMEUR-LIBRAIRE DES COMPTES RENDUS DES SÉANCES DE L'ACADÉMIE DES SCIENCES,

SUCCESSEUR DE MALLET-BACHELIER,

QUAI DES AUGUSTINS, 55.

—

1879

RÉFLEXIONS CRITIQUES

SUR LES

EXPÉRIENCES CONCERNANT LA CHALEUR HUMAINE[1].

Si nous désignons par Q la quantité de chaleur qui se développe dans notre corps par unité de temps, par suite des réactions chimiques de tous genres qui y ont lieu, et par Q' la quantité de chaleur qui se manifeste effectivement en dehors de nous, et que nous retrouverions, par exemple, à l'aide d'un calorimètre parfait, nous avons entre Q et Q' les trois relations possibles

$$Q = Q', \quad Q' = Q - AF, \quad Q' = Q + AF.$$

La première égalité se rapporte au cas où nous restons à l'état de repos, ou, pour parler sous forme plus générale, à celui où nous ne produisons aucun travail mécanique *extérieur au calorimètre* à l'aide duquel nous mesurons Q'; les deux autres égalités se rapportent au cas où, à l'aide de nos membres, et par nos efforts musculaires, nous produisons *en dehors* du calorimètre un travail mécanique positif $+ F$ ou négatif $- F$, consistant, par exemple, à élever ou à abaisser un certain poids à une certaine hauteur A est ici l'équivalent calorifique du travail ou $1:425$).

Cet énoncé, encore neuf il y a vingt-cinq ans, est aujourd'hui connu

---

[1] Un extrait de ce Mémoire a été publié dans le numéro du 27 octobre 1879 des *Comptes rendus des séances de l'Académie des Sciences*.

H.

et admis par tout le monde. Il s'applique à notre organisme et à celui de *tous* les êtres animés, aussi bien qu'à nos machines produisant ou consommant du travail mécanique. Notre organisme, lorsqu'il fonctionne comme machine, lorsqu'il donne du travail externe, positif ou négatif, ne constitue sans doute pas un moteur à calorique ; la contraction musculaire par le moyen de laquelle s'opère le travail est due à une autre force (flux nerveux, électricité, peu importe) ; mais la chaleur est la seule force qui, en dernière analyse, apparaisse *hors de nous ;* en vertu du principe de l'équivalence des forces, il doit donc se manifester un déchet ou un bénéfice sur la chaleur disponible, quand nous exécutons un travail positif ou négatif, quand, par exemple, nous montons un escalier ou quand nous en descendons ; et ce bénéfice doit être directement proportionnel au travail externe produit.

Dans quelles limites est-il possible de vérifier expérimentalement l'énoncé précédent, et quelles sont les conditions générales indispensables pour qu'une telle vérification devienne possible. C'est ce que je vais essayer de montrer dans cette Notice sous une forme accessible à tout le monde.

Les expériences que j'ai faites, il y a maintenant vingt-deux ans, sur la chaleur vitale chez l'homme, ont confirmé sous forme générale et satisfaisante le principe énoncé ici ; c'est-à-dire qu'elles ont indiqué un *déficit* de chaleur quand la personne soumise à l'expérience exécutait un travail *positif,* et un *bénéfice* de chaleur quand elle rendait un travail négatif, quand elle exécutait la marche descendante au lieu de la marche ascendante ; mais c'est là tout ce qu'il était permis d'en déduire : le rapport entre la somme de travail exécuté et le déchet ou le bénéfice de chaleur trouvé, au lieu d'être constant et égal à 425^{kgm}, comme il eût dû l'être, variait et s'éloignait considérablement du nombre fondamental précédent. Depuis cette époque, j'ai, à plusieurs reprises, exprimé le vœu de voir mes expériences reprises et exécutées avec l'exactitude, *beaucoup plus grande qu'il ne semble,* qu'elles comportent (¹). Tout récemment, j'ai eu la satisfaction de voir enfin un savant répondre à mon appel. M. Herzen, chargé du cours de Physiologie à l'Université de Florence, en me faisant connaître l'intention qu'il a de reprendre mes expériences, m'a, d'une part, demandé les diverses modifications que je juge nécessaire d'apporter à ma première manière de conduire les essais, et, d'autre part, m'a soumis quel-

---

(¹) Je me permets de renvoyer le lecteur à ce que j'ai dit sur tout l'ensemble de cette belle question, dans mon dernier Ouvrage de Thermodynamique (tome I, pages 27-53).

ques réflexions critiques auxquelles il me priait tout d'abord de répondre. Il est résulté de là, entre nous, une correspondance suivie qui m'a semblé digne de la publicité et dont je vais résumer la substance.

J'ai dit que, dans mes expériences, le rapport entre le travail externe rendu et le déchet ou le bénéfice de chaleur trouvé au calorimètre variait ; un fait est pourtant frappant dans cette variation. Quand le travail rendu était positif, la personne essayée élevant son corps par la marche ascendante, le rapport du travail au déchet de chaleur était toujours trois, quatre fois inférieur à 425^{kgm} ; quand, au contraire, le travail rendu était négatif (c'était alors la marche descendante qui était exécutée), ce rapport devenait considérablement trop élevé. M. Herzen, avec trop d'indulgence d'ailleurs, acceptant ces expériences comme justes en principe et en fait, a cherché à rendre compte de cette singularité, et voici comment il l'explique :

Le processus de la contraction musculaire est *absolument le même,* que le muscle se contracte pour soutenir un poids sans aucun mouvement, ou qu'il se contracte un peu moins énergiquement, à la suite de quoi le poids descendra, ou qu'il se contracte un peu plus énergiquement, à la suite de quoi le poids montera Entre ces trois cas, il n'y a pour le muscle qu'une seule différence, une légère différence d'*intensité* de la contraction qu'il exécute, et nullement une différence de *nature* du travail physiologique qu'il accomplit. L'élément *contraction musculaire* est un élément constant dans les trois cas, toujours présent, quoique plus ou moins considérable selon le cas. Or, si l'on admet que la contraction musculaire absorbe, pour se produire, une certaine quantité de chaleur, on aurait dans les trois cas un *déficit constant,* qui viendrait augmenter le déficit causé par un travail mécanique positif et diminuer le surplus dû à un travail mécanique négatif.

Cette interprétation, parfaitement légitime chez un physiologiste, rend en effet compte de l'espèce de bizarrerie des rapports fournis par mes essais. Si nous désignons toujours par Q la quantité de chaleur disponible dans notre organisme dans l'unité de temps, par Q' celle qu'on retrouve effectivement, par F le travail externe rendu, et par L ce que M. Herzen appelle le *travail physiologique,* on a

$$Q' = Q - AF - AL, \quad Q' = Q + AF - AL,$$

et, par conséquent, le rapport $(\pm F - L) : (Q - Q')$ ne peut plus répondre à la valeur de l'équivalent mécanique de la chaleur.

Bien que cette explication, que M. Herzen d'ailleurs ne présente qu'avec réserve et comme une hypothèse, soit toute favorable à l'exactitude de mes expériences, j'ai fait remarquer de suite à son auteur qu'elle ne

H.   1.

saurait être acceptée en Physique-Mécanique. Il en résulterait, en effet, qu'une personne, enfermée dans le calorimètre, et ne produisant absolument aucun travail en dehors de l'instrument, consommerait une partie de la chaleur disponible, non seulement en montant et en descendant alternativement d'une même hauteur, mais même en restant *immobile* et en soutenant seulement un poids à une position *constante*. Un tel fait, si par impossible il se vérifiait, constituerait la négation la plus absolue du principe de l'équivalence des forces. Quel que soit le mode du *processus* de la contraction musculaire, quelles que soient les actions chimiques et physiques qui ont lieu pendant la contraction, toutes ces actions doivent se *compenser calorifiquement*, du moment que rien ne se manifeste *en dehors* du calorimètre sous forme de travail. S'il en était autrement, il en faudrait conclure que de la chaleur peut disparaître définitivement sans produire d'effet équivalent définitif aussi.

Pour tout un ordre caractéristique de fonctions, il n'y a, quoi qu'en dise une école, pas la moindre comparaison à établir entre un être vivant et n'importe lequel de nos mécanismes. A un autre point de vue, au contraire, et en tant qu'il agit comme puissance motrice, l'organisme de l'animal, celui de l'homme, présente avec nos moteurs beaucoup plus d'analogie qu'on ne le pense en général. Un muscle, mis en activité par l'influx du nerf moteur qui le commande, ressemble de loin, en un sens, à un barreau de fer doux qu'une hélice conductrice traversée par un courant électrique transforme en aimant capable de porter un poids considérable. Le mystère de l'action dynamique elle-même, dans l'aimant ou dans le muscle, ne nous sera peut-être jamais révélé en ce monde; mais ce que nous savons positivement, c'est que le barreau ne coûte aucune quantité d'électricité tant qu'il ne fait que supporter l'armature chargée d'un poids quelconque, et nous pouvons affirmer avec autant de certitude que le fait seul de supporter un poids quelconque avec un de nos membres ne coûte pas plus à l'organisme. Lorsque nous éloignons de force l'armature de notre aimant artificiel, il s'opère un travail négatif, et l'énergie du courant se trouve augmentée dans l'hélice; lorsque nous laissons l'armature se rapprocher, il s'opère un travail positif, et l'énergie du courant se trouve abaissée temporairement. De même, lorsque nous laissons lentement abaisser un poids que nous soutenons, il se produit un travail négatif; lorsque nous soulevons ce poids, il se produit un travail positif. Dans le premier cas, les muscles en action s'allongent et diminuent de section; dans le second cas, ils se raccourcissent et augmentent de section. On a reconnu que, dans le muscle

qui se raccourcit ainsi, il y a abaissement de température, désoxydation
du sang artériel et dénutrition ; on ne sait si le contraire a lieu dans un
muscle qui s'allonge en cédant à un effort ; c'est peu probable, mais, quelle
que puisse être la ressemblance ou la dissemblance physiologique, toujours
est-il que les deux actes mécaniques sont de *signes contraires,* et, tandis que
le second doit *abaisser* la somme d'énergie disponible dans l'organisme, le
premier doit l'*élever*. Je dis dans l'organisme. Les actions thermiques, po-
sitives et négatives, répondant à un travail mécanique externe, ne sont en
effet certainement pas localisées dans les seuls muscles en jeu : c'est dans
tout le corps de l'être vivant qu'il faut en mesurer la somme; et les varia-
tions que l'énergie à chaque instant présente doivent avoir lieu dans le cer-
veau, dans les centres nerveux en général, dans tout l'appareil respiratoire
et circulatoire, etc., aussi bien que dans les muscles. Ainsi que je l'ai fait
remarquer dès l'origine, lorsque nous exécutons un travail mécanique, les
fonctions des organes corrélatifs, mais accessoires, se mettent rapidement
en harmonie parfaite avec l'effet à produire, et la somme de chaleur disponible s'accroît ainsi même au delà du nécessaire. En nous plaçant à ce point
de vue, qui est visiblement le seul correct, nous pouvons nous convaincre,
par des observations journalières et élémentaires, que le *processus physiologique* lui-même ne saurait être considéré comme identique dans son
ensemble, lorsque nous exécutons un travail négatif au lieu d'un travail
positif, lorsque nos muscles *travaillent en s'allongeant,* au lieu de *travailler*
en se raccourcissant. Chez les personnes les plus habituées aux courses de
montagnes, chez les guides suisses, par exemple, portant souvent de lourds
fardeaux à de grandes hauteurs, sans manifester de fatigue, la marche
ascensionnelle est accompagnée de phénomènes physiologiques autres que
la marche descendante. La première provoque toujours une sueur plus ou
moins intense, une accélération notable du pouls et de la respiration, un
essoufflement plus ou moins sensible selon la vigueur de l'individu ; le second
mode de marche ne produit ces phénomènes qu'au degré le plus *minime*.
Chez les personnes peu robustes et peu exercées à la mrche, une impression
de bien-être d'abord, puis un froid fébrile, succèdent, pendant *l'abaissement*
continu du corps, à l'ensemble des phénomènes pénibles qu'avait occasionnés
le travail d'ascension du *fardeau corporel.* Si le phénomène physiologique
de l'extension des muscles était identique à celui du raccourcissement ou
de la *vraie contraction,* il ne pourrait se manifester des différences aussi radi-
cales dans les fonctions générales, selon que nous montons ou que nous
descendons. Il me parait très probable que, sous l'action de la volonté, il
se produit dans les nerfs moteurs deux courants opposés en direction :

courants constants, égaux et ne coûtant rien quand les membres restent immobiles; courants inégaux, croissant ou diminuant en énergie dès que nos membres exécutent un travail externe, positif ou négatif.

En résumé, l'hypothèse présentée par M. Herzen, sous toutes réserves, je le répète, ne peut être admise comme expliquant les irrégularités numériques de mes expériences. Je saisis avec empressement l'occasion qui m'est offerte de montrer d'où ces irrégularités ont pu naître en réalité, et comment, dans de nouvelles expériences bien dirigées, on pourra probablement les éviter, du moins en partie; je montrerai aussi comment les idées émises par M. Herzen sur ce qu'il appelle le *travail physiologique* peuvent trouver leur application.

Dans le genre de recherches dont il s'agit, et quand l'expérience se fait sur un *individu en repos*, la valeur de Q', ou de la chaleur développée effectivement dans notre corps en un temps donné, peut être déterminée aussi approximativement qu'il est nécessaire avec un calorimètre bien conditionné et bien employé. Il en est de même dans ce cas de la valeur de Q, ou de la chaleur *disponible*. La respiration étant, comme on le sait depuis longtemps, la principale source continue de calorique chez les mammifères et les oiseaux, j'ai cherché combien chaque gramme d'oxygène absorbé par l'appareil pulmonaire produit en nous de chaleur, sans m'occuper d'ailleurs de la façon dont cet oxygène est employé en nous. Les faits observés ont parfaitement légitimé cette manière de procéder. Il s'est trouvé, en effet, que, quels que fussent l'âge, le sexe, le tempérament, le poids, l'état de santé, etc. de la personne essayée, 1^{gr} d'oxygène produisait toujours, à fort peu près, 5^{cal}. Je me hâte d'ajouter toutefois que ces expériences demanderaient à être répétées non seulement avec plus de rigueur, mais aussi et surtout sur un bien plus grand nombre de sujets, que cela ne m'a été possible.

Si les expériences sur l'homme à l'état de repos sont relativement faciles, il n'en est pas de même de celles qui portent sur l'état dynamique. La difficulté repose ici sur la détermination de Q et de Q'.

1° Pour calculer la valeur de Q, j'ai admis *a priori* que 1^{gr} d'oxygène absorbé par les poumons donne la même chaleur, quand nous exécutons un travail mécanique, positif ou négatif, que quand nous restons en repos. O désignant le poids d'oxygène consommé, on aurait ainsi

$$5.O \mp AF = Q' \quad \text{ou généralement} \quad \alpha O \mp AF = Q';$$

or ceci est une hypothèse qui ne pourra être vérifiée que par l'expérience, et qui, selon mon opinion, ne peut être qu'approximativement correcte.

(9)

Sans doute un même poids d'oxygène, en se combinant avec tel ou tel élément (hydrogène, carbone, etc.) donne toujours la même quantité de chaleur, que la combustion ait lieu dans nos foyers ou dans notre organisme ; mais la question est de savoir si ce gaz se combine dans toutes les circonstances où nous nous trouvons avec les mêmes éléments et en même proportion, et aussi de savoir s'il s'adresse toujours aux mêmes combinaisons de ces éléments entre eux. Dans le cas contraire, il en sera de nos tentatives d'expériences comme si, ayant à constater le rendement relatif de deux moteurs thermiques, nous nous servions de combustibles *différents* pour alimenter leur foyer. Or il me semble probable que la condition indispensable indiquée ici ne peut être remplie qu'*à peu près*. Toutes les sécrétions, en effet, changent sinon d'espèces, du moins de proportions, selon que nous sommes en repos ou que nous rendons un travail externe. Comme exemple, entre mille, à l'état de repos, la sécrétion des reins l'emporte de beaucoup sur celle de la peau ; c'est par les urines que se fait surtout l'élimination des principes qui sont de trop dans l'organisme ; au contraire, lorsque nous exécutons un travail mécanique *positif,* c'est la transpiration et l'élimination par la peau qui prennent le dessus, et à ce degré que j'ai vu tel des sujets soumis à mes expériences perdre jusqu'à 1^{kg} par heure. Je souligne l'espèce de travail. Il ne peut être douteux que les sécrétions, non seulement dans leurs proportions, mais peut-être dans leurs espèces, sont profondément différenciées, selon que le travail mécanique exécuté est *positif* ou *négatif :* c'est ce qui résulte clairement des faits à la portée de l'observation journalière de chacun, que j'ai rappelés plus haut.

Ainsi que je l'ai dit, l'expérience seule pourra décider dans quelles proportions interviennent les causes de trouble dont je parle.

C'est en ce sens maintenant qu'il y a lieu de tenir compte des idées émises par M. Herzen. J'ai montré que le travail physiologique, par ce seul fait qu'il est tout interne, ne peut en rien modifier l'égalité $Q = Q' = \alpha O$. Théoriquement, cette égalité doit subsister et subsiste certainement en effet, qu'un homme reste à l'état de repos parfait, ou qu'il exerce ses efforts à soutenir un poids sans le mouvoir, ou enfin qu'il monte et descende alternativement le poids de son corps d'une même hauteur. Mais il se peut que le travail purement physiologique, en modifiant certaines sécrétions, modifie aussi les *espèces* de combustibles offerts en nous à l'oxygène, et modifie par suite la valeur du facteur α. Ce travail *semblera* alors coûter une certaine quantité de chaleur, tandis qu'en réalité il ne fait que modifier la valeur de la source calorifique elle-même.

Toujours dans le même sens, nous pouvons aller bien plus loin encore.

Nous pouvons faire, au sujet du travail intellectuel, lui-même, les remarques
que nous venons de faire quant au travail physiologique. Ceux d'entre nous
qui ont l'imagination quelque peu vive, et qui de plus savent s'observer, ont
appris par une expérience répétée combien le cours de nos pensées modifie
à chaque instant la marche des fonctions organiques : chaque pensée de joie,
de tristesse, de peine, de crainte, d'angoisse,... détermine des modifications spéciales dans le rythme du pouls, de la respiration, etc. ; les personnes
qui ont le malheur d'être atteintes d'affections nerveuses (réelles) savent de
reste comme chaque émotion amène des tremblements musculaires parfois
insupportables, active les battements du cœur...; un travail intellectuel
soutenu et intense augmente souvent la transpiration cutanée au point de
déterminer la sueur proprement dite. On pourrait donc, sans aucun contre-
sens apparent, se demander si en général un travail de tête suivi ne donne
pas lieu aussi à un déchet de chaleur. Ici cependant la Physique-Mécanique répond d'une façon péremptoire. Sans disserter le moins du monde
sur la nature même de ce genre de travail, nous devons reconnaître tout
d'abord qu'il est absolument *interne*, dans sa cause et dans ses effets; il ne
se manifeste au dehors que par la parole et par l'écriture, que personne
sans doute ne voudra compter comme travail mécanique appréciable. Il ne
peut donc donner lieu extérieurement à une production ou à une consom-
mation de chaleur. Mais, comme nous l'avons fait remarquer, il modifie
le cours de nos fonctions organiques, souvent les plus essentielles, et comme
tel, il peut modifier la nature des *combustibles offerts* à l'oxygène, il peut
modifier la quantité de chaleur que produit l'unité de poids de ce gaz absorbé
par les poumons. Ici encore, ainsi que pour le travail physiologique, l'expérience seule pourra décider de l'étendue des perturbations apportées à la
valeur de α.

2° La détermination de Q' ou de la chaleur retrouvée effectivement
se faisant au calorimètre, il semble qu'elle ne doive pas présenter plus de
difficultés quand l'homme travaille que quand il reste en repos. Il n'en est
pourtant pas ainsi; et je pense que c'est dans ce sens que mes expériences
ont le plus laissé à désirer. L'état de repos, ou du moins d'exercice très
modéré, était, et sera d'ailleurs pour d'autres observateurs, l'état presque
habituel des personnes qui se prêtent à l'expérience ; les phénomènes
thermiques restent donc dès l'abord constants pendant toute la durée du
séjour dans le calorimètre. Il n'en est plus ainsi quant à l'état dynamique.
Par suite des changements qu'éprouvent dans ce cas toutes nos fonctions,
il faut un temps assez long pour que la *machine vivante* arrive à son régime
stable de travail, et si, en raison de la fatigue du sujet soumis à l'expé-

rience, on est obligé de cesser avant que cet état soit atteint et ait duré un temps suffisant, les résultats obtenus deviennent douteux. En raison du défaut d'exercice des sujets dans la marche ascendante ou descendante, la plus grande durée de mes expériences n'a pas dépassé une heure, tandis qu'il faudrait probablement le double au moins pour remplir toutes les conditions voulues.

L'ensemble des remarques qui précèdent et qui se présentent presque spontanément à l'esprit montre quel beau champ d'exploration est ouvert à l'expérience, et comment celle-ci devra être dirigée. Au début de mes travaux de Thermodynamique, j'avais tenté, fort ambitieusement, de déterminer la valeur de l'équivalent mécanique en partant de la chaleur qui disparaît par le travail dans une machine à vapeur. Plus tard, j'ai sagement *renversé* la question, et je me suis servi de la valeur connue de l'équivalent pour étudier les fonctions les plus cachées de ces moteurs. Ce renversement de méthode a été, je puis le dire sans vanité, le point de départ de progrès considérables dans l'étude de la machine. De même, au début, j'avais eu l'idée, que je qualifierai aujourd'hui d'*audacieuse*, de me servir aussi de l'organisme humain pour arriver à l'équivalent mécanique. Ici encore, il faut désormais *renverser* la méthode et les raisonnements ; il faut admettre comme fait fondamental que, pendant la marche ascendante ou descendante, chaque 425^{kgm} de travail exécuté coûte ou rapporte à l'organisme une unité de chaleur, et puis, par la comparaison de ce qui disparaît ou apparaît *réellement* de chaleur avec ce qui *devrait* disparaître ou apparaître, étudier ce qui se passe dans notre corps, ce qui se trouve modifié par telle ou telle condition nouvelle où nous le plaçons ; il faut, en un mot, se servir des lois de la Physique-Mécanique pour reconnaître comment et combien notre organisme diffère d'une machine ordinaire.

De telles expériences diffèrent en plus d'un point, et par leur nature même, de celles qu'on exécute d'habitude en Physiologie. Ce n'est point en opérant, comme d'aucuns pourraient le croire, sur de malheureux animaux soumis à la torture, qu'elles aboutiront à un résultat positif. Elles exigent en effet, non seulement plusieurs observateurs, ayant chacun une fonction spéciale à remplir (analyse chimique des gaz, mesures calorimétriques, dynamométriques, etc.); mais elles requièrent aussi et surtout des sujets intelligents, bien doués physiquement, habitués aux exercices corporels, sachant observer eux-mêmes, tout en se pliant aux exigences de l'expérience, au moins *ennuyeuse*, à laquelle ils se soumettent.

Quelques détails sur la manière de conduire les expériences de façon à en diminuer la fatigue et la difficulté pour celui qui s'y soumet ne seront pas déplacés ici.

L'épithète *ennuyeuse* que je viens d'employer est trop faible, si l'on se reporte à la marche que j'avais suivie d'abord. J'avais partagé la mesure calorimétrique en deux parties : je déterminais séparément la quantité de chaleur émise par toute la périphérie du corps et celle qui était emportée par l'air respiré; la première était donnée par la température même du calorimètre; voici comment était mesurée la seconde. La personne soumise à l'expérience tenait d'une main un tube muni à sa partie supérieure de deux branches parallèles qui pénétraient dans les narines, et muni à sa partie inférieure de deux soupapes disposées comme celles d'une pompe; en respirant, elle *appelait* dans les poumons, par un tube de caoutchouc, l'air d'un gazomètre, et elle *expirait* l'air dans un autre gazomètre; on prenait la température de l'air à son entrée et à sa sortie, on déterminait son degré d'humidité, etc. Cette opération, facile quand le sujet essayé était à l'état de repos, devenait fort difficile et pénible quand il marchait sur la roue à échelons servant à mesurer le travail positif ou négatif. — Je ne puis mieux caractériser ce côté de l'expérience qu'en citant l'impression produite sur notre regretté Verdet par la vue et par la description de mes appareils : « Votre expérience, me dit-il, moitié souriant, moitié blâmant, me rappelle involontairement une des scènes des *Misérables* de Victor Hugo! » et je devinai qu'il ajoutait mentalement : « Avez-vous le droit de supplicier ainsi vos semblables et vous-même, fût-ce au nom de la Science? »

Plus tard, je pourrais dire *trop tard*, j'ai reconnu que l'on peut procéder plus facilement et plus exactement. Le calorimètre, suffisamment spacieux, renferme assez d'air pour que la personne qui s'y trouve, à l'état de repos ou à l'état de mouvement, puisse y respirer librement pendant deux heures sans être incommodée le moins du monde par suite de la viciation de cet air. Ce n'est que quand le régime stable est atteint sous tous les rapports qu'on prend à la bouche (et non point *au nez*) le tube à soupapes qui sert à appeler l'air pur d'un gazomètre jaugé et à le pousser dans un autre gazomètre, pour être soumis à l'analyse chimique. Il suffit d'un peu d'exercice pour apprendre à respirer *exclusivement par la bouche*, et cette dernière partie de l'expérience ne dure pas plus de dix minutes.

Logelbach (Alsace), 10 octobre 1879.

GAUTHIER-VILLARS, IMPRIMEUR-LIBRAIRE DES COMPTES RENDUS DES SÉANCES DE L'ACADÉMIE DES SCIENCES,
5843   Paris. — Quai des Augustins, 55.